科学のタネを育てよう❸

# シロツメクサの
# 花のふしぎ

一寸木 肇／著

物語でわかる
理科の自由研究

少年写真新聞社

# はじめに

　この本は、ノーベル物理学賞を受賞した科学者・朝永振一郎博士が子どもたちに向けて書いた次の言葉を、実際の自由研究の流れに当てはめて、物語にしています。

> ふしぎだと思うこと　これが科学の芽です
>
> よく観察してたしかめ　そして考えること
>
> これが科学の茎です
>
> そうして最後になぞがとける　これが科学の花です
>
> 　　　　　　　　　　　　　　朝永振一郎

　「ふしぎ」なこと＝科学のタネは、身のまわりにいっぱいあります。いもむしがどのようにしてチョウに変わるのか、夜の星空がどこまで続くのかなど、数え上げればきりがありません。「ふしぎ」なことの正体を探る＝なぞを解くことは、理科の研究とまったく同じです。

　この本は、科学のなぞの探り方をまとめたガイドブックのようなものです。科学のタネから出た芽を育て、茎を伸ばし、なぞが解けて花が咲くまでを物語にしています。

　理科の自由研究だけではなく、みなさんが社会に出て、答えのない課題に取り組まなくてはならないときに、この「科学のなぞの探り方」が、きっと役に立つでしょう。

> 　「あれ？」「どうして？」「どうなっているの？」……あなたもこのような思いをしたことがあるでしょう。しばらくして忘れてしまったり、わざわざ調べている時間なんてないとみなさんは思ったりするかもしれません。
>
> 　科学者と呼ばれる人びとは、このふしぎに思う気持ちを大切にして、自分で調べ、仲間と協力して、新しい発見や発明をしてきました。おかげで私たちはさまざまな知識を身につけたり、新しい技術を使ったりできるようになりました。
>
> 　身のまわりには、ふしぎなことがたくさんあります。友だちと協力したり、大人に相談したりして、自分の考えを確かめていきましょう。きっと、新しい発見ができるはずです。
>
> 　　　　　　　　　　　　　　一寸木 肇

※出典：朝永振一郎（1980）『回想の朝永振一郎』松井巻之助 編、みすず書房

# もくじ

- ● この本の使い方 …………… 4

### 1 科学のタネを発見！
春の野原にあらわれた
　白いポンポン ………… 6

### 2 シロツメクサの花のふしぎ
花の形のふしぎ …………… 8
ひとつのポンポン＝ひとつの花？
　……………………………10
虫めがねで観察しよう ………12
ひとつめのなぞが解けた！ …14
小花はいくつ ついている？ …16
小花をくわしく観察しよう …18
集合花の小花は
　順番に咲いていく？ ………20
枯れた小花に実はできるのか？
　……………………………22
さやと実、つながる命 ………24

### 3 シロツメクサの花に隠された、
　虫を誘うしかけ ………26
失敗を次に生かすために ……30

### 4 本を使って調べよう …… 32

### 5 先生や専門家に聞いて
　調べよう ……………… 35

### 6 研究の成果を発表しよう！
　……………………………38
研究の結果をまとめよう！ … 39
いよいよ発表だ！ ………… 42

### 7 自然の観察や研究に
　大切なこと …………… 44

- ● 研究ノートの基本 ………… 46
- ● キーワードさくいん ……… 47

# この本の使い方

この本では、ひとつのふしぎを追いかける子どもたちの研究の流れが描かれています。

★研究の物語
　登場人物が、話し合いや観察・実験をしながら、ふしぎを解明していきます。読み手のあなたも、その場にいる気持ちで読んでみましょう。

▼3巻の内容▼
　生きものの世界には、どんな生き方をしているのか、ほかの生きものとの関わりはどうなっているのか、まだまだふしぎがたくさんあります。3巻では、身近な植物を観察して、そのふしぎにせまります。

## 登場人物

自然が大好きな小学校5年生

ソウタ

ハルナ

ジュン

ハジメ先生

理科クラブの先生

数えやすいように、小花を10個ずつ黒い紙の上に並べてみると……。

ぼくたちの選んだシロツメクサは全部で78個の小花がついていたよ。

大きいのを選んだから、たいへんだった！

私と先生で数えたほうは48個だったよ。

みんな、小さな小花を並べるのはたいへんだったようだね。でも、実際にやってみると答えがわかったんじゃないかな？

小花の数は同じではない！

しかも、ずいぶん数が違っているね。ほかのシロツメクサも数えてみよう！

3人で手分けをして、ほかの集合花3つで、小花の数を数えてみました。

ソウタは62個、ハルナは72個、ぼくは58個だったよ。

2人組で数えた結果と合わせると、いちばん多くて78個、少ないのは48個だね。

小花の数は、決まっているわけではないのね。

同じ仲間でも大きかったり、小さかったり、数が多かったり、少なかったりするね。こういうのは「個体差」って言うんだ。生きものの世界ではふつうにあることなんだよ。

## くり返し読んでみよう

**1回目** 登場人物のなぞ解きを楽しむ

なぞを解いていくおもしろさを感じながら、物語を読んでみましょう。

**2回目** 研究の進め方を確かめる

あなたの自由研究に取り組む前に、研究の進め方を確かめながら読んでみましょう。

**3回目** 研究の進め方をふり返る

自由研究に取り組んだあとに、研究の進め方をふり返りながら読んでみましょう。良かった点、悪かった点を見つけたら、次の自由研究に役立てましょう。

### 3巻の特徴

生きもののふしぎを調べるには、まずその生きものの観察から始めます。観察から、ほかの生きものと似ているところや違っているところを見つけていき、自分の考えを確かめるために実験も行います。もっとも、生きものの実験はくり返したり、年中行ったりできない場合があります。それが生きものの研究の特徴でもあるのです。

# 1 科学のタネを発見！

## 春の野原にあらわれた白いポンポン

　ある春の日。学校の昼休みにハルナ、ソウタ、ジュンは、校庭で遊んでいました。ふと気がつくと、校庭のわきの野原にたくさんの春の植物が生えています。

- 見て見て！　この間まではなかったのに、きれいな花が咲いているよ。
- 本当だ！　春になるといろいろな花が咲いて、野原がにぎやかだ。
- 学校のまわりにどんな植物が生えているのか、観察してみない？

　放課後に、3人は学校のまわりでどんな植物が見られるのか、観察に出かけました。

**ハルナたちが見た花**

レンゲ（ゲンゲ）

 いろいろな花が咲いている！

 大きさや形もいろいろよ。さまざまな色の花があるのね。

 忘れないように、観察ノートに書いておくね。花の絵もかいておこう。

カントウタンポポ

カラスノエンドウ（ヤハズエンドウ）

オオイヌノフグリ

シロツメクサ

ヒメオドリコソウ

 ここに白っぽい花がたくさんあるよ。

 クローバーでしょ？　ときどき四つ葉を探すもの。

 図鑑にはシロツメクサとのっているよ。

 かんむりやうで輪を作ったことがあるわ。

 毛糸で作ったポンポンみたいで、丸くてかわいい花だね。

---

**4月○日　野原で見た花**

天気：晴れ　あたたか
場所：校庭のわき
観察者：ソウタ、ハルナ、ジュン

- レンゲ
- カントウタンポポ
- カラスノエンドウ
- オオイヌノフグリ
- シロツメクサ
- ヒメオドリコソウ

7

# 2 シロツメクサの花のふしぎ

## 花の形のふしぎ

 シロツメクサって、よく見ると変わった花の形だね。

 そう言われてみれば、アサガオやチューリップとはぜんぜん違う形だ……。

 小さい花びらがたくさんあるのかしら？

 なんだか、小さな花が集まっているようにも見えない？

 それにしては、花が小さすぎるわ。

 ハジメ先生に聞いてみようか！

 そうしよう！

 先生、みんなでシロツメクサの花を観察していて、わからないことが出てきたんです。

 花の形がふしぎだねって。花びらがたくさんあるのか、でも小さい花がたくさんついているようにも見えるし……。

 本当はどっちなんですか？

よいところに気づいたね。身近な植物でもよく観察すると、ふしぎだと思うことが見つかるんだ。

小さい花が集まってひとつの花のように見えるものを「集合花※」と呼ぶんだ。集合花には、たとえばタンポポやヒマワリなんかがあるよ。

**集合花の例**

ガクアジサイ

ヒマワリ

ヒメジョオン

セイヨウタンポポ

コメツブツメクサ

レンゲ（ゲンゲ）

え～！　みんなひとつの花だと思ってた。

ぼくも！

シロツメクサはどうなのか、みんなで調べてみたら？

おもしろそう！　シロツメクサの花の研究をするのね。

観察ノートを研究ノートに名前を変えよう。

※集合花…小さな花（小花）が集まって、ひとつの大きな花のように見える花。

## ひとつのポンポン＝ひとつの花？

- ポンポンのようなかたまりをつくる小さなツブツブが、花びらなのか、ひとつひとつの花なのかってことだよね。
- どうやって確かめたらいいのかな……。
- 考えているうちに、花とか、花びらってなんなのか、わからなくなってきちゃったよ。
- 植物図鑑で調べてみよう！

- まずは、「花」と「花びら」を調べようよ。
- 花は「子孫を残すための種を作る部分」、花びらは「花の中にあるおしべやめしべを守るはたらきがある」って書いてあるよ。

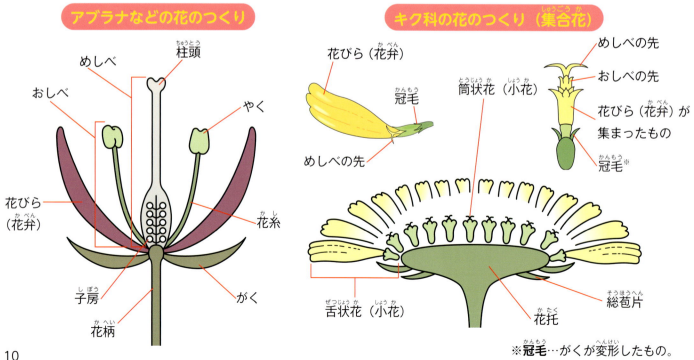

アブラナなどの花のつくり / キク科の花のつくり（集合花）

※冠毛…がくが変形したもの。

**集合花ではない**

カラスノエンドウ(ヤハズエンドウ)

オオイヌノフグリ

タチツボスミレ

**集合花**

セイヨウタンポポ

ヒメジョオン

 集合花でも、花の形はシロツメクサとは似ていないね……。

 シロツメクサの花を、もっと細かいところまで観察してみようか。何かヒントがあるのかもしれないよ。

 そんなときには……。

 虫めがね!!

## 虫めがねで観察しよう

　花の形のふしぎを解明するために、シロツメクサの花をもう一度じっくり観察してみることにしました。

 どうだい？　シロツメクサの花のふしぎが少しは解けたかな？

 それが……なかなか難しくて。

 虫めがねを使って、もう一度じっくり観察してみることにしたんです。

 それはいいね！　みんな、虫めがねを使うときに気をつけること、わかるかな？

 はあい！　目を痛めてしまうから、太陽を見てはいけない。

 光を集めて、ものを燃やさない。

 日光の当たる場所に置きっぱなしにするのも危ないよね。
光が集まったところに、火がついてしまうこともあるんだって。

 それから、虫めがねは目に近づけて使おう。はっきり見えるよ。

### 虫めがねの使い方

●手で持てるもの

虫めがねを目の近くに固定して、見るものを動かし、はっきり見えるところでとめる。

●手で持てないもの

虫めがねを前後に動かして、はっきり見えるところでとめる。

**虫めがねを使って、シロツメクサの花を拡大してみると……。**

細かいところまでよく見える！

花びらに見えた部分の下のほうには、どれも緑色のところがあるよ。そこで真ん中の茎につながってる。

本当……、1枚のひらひらした花びらじゃないみたい。もっと複雑な形……。

白いひとつひとつがとっても小さな花みたいに見えるね。

きっとそうだよ！

## ひとつめのなぞが解けた！

3人は、虫めがねで観察してまとめた意見を、ハジメ先生に報告しました。

細かいところまで観察できたね！
花の基本的なつくりでいうと、緑色のところは「がく」、茎につながっているのは「花柄」というよ。シロツメクサの花にも、これらがあるかどうかをもう一度見てごらん。

花の基本的なつくり

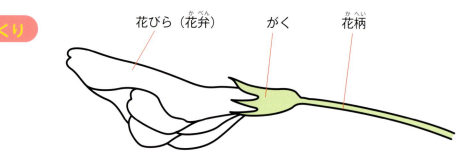

こんなに小さな花に、がくや花柄があるなんて……。

あったあ!!

小さな花がたくさん集まっているんだ。

つまりシロツメクサは、小花が集まった集合花だったんだ。

すごい！　それぞれしっかりと気がついたことを出し合ったおかげで、シロツメクサの花のなぞがひとつ解けたね。

研究ノートには、気づいたことや疑問に感じたこと、それについて考えたことなども、書き留めておくといいよ。

忘れないうちに書こう！

### 4月○日（月）　校庭で見つけた花

天気：晴れ　　場所：校庭の西側
観察者：ソウタ、ハルナ、ジュン

- ●タンポポ（セイヨウタンポポ）　花
- ●カラスノエンドウ　花
- ●オオイヌノフグリ　花・実
- ●シロツメクサ　花・実？
- ●ハコベ　花・実

先生から
シロツメクサは集合花
タンポポ、ヒマワリも
集合花

シロツメクサ

タンポポ

ヒマワリ

**集合花ではない花**
- ●オオイヌノフグリ　●タチツボスミレ
- ●カラスノエンドウ

**集合花**
- ●シロツメクサ　●ハルジオン

シロツメクサ
虫めがねを使うと

**気づいたこと・ぎもん**
- ●野原にはいろいろな花がさいている。
- ●花には集合花とそうでないものがある……びっくり。
- ●シロツメクサの小さな花は、いくつついているのだろう。

## 小花はいくつ ついている？

虫めがねを使った観察で、シロツメクサの花が「集合花」だと突き止めた3人。そこで、新たな疑問が浮かんできました。

- ひとつのかたまりにたくさん小花がついているね。
- いくつくらいあるんだろう？
- どの花も同じ数の小花があるのかしら？
- 数えてみよう！
- たくさんの小花があるから、ひとつひとつを切りはなして10個ずつ並べてみるとわかりやすいよ。
- じゃあ、切り離す人、並べる人にわかれて２人組でやってみよう！

**数えやすいように、小花を10個ずつ黒い紙の上に並べてみると……。**

- ぼくたちの選んだシロツメクサは全部で78個の小花がついていたよ。
- 大きいのを選んだから、たいへんだった！

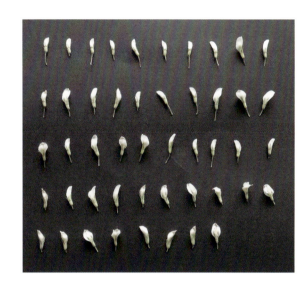

- 私と先生で数えたほうは48個だったよ。
- みんな、小さな小花を並べるのはたいへんだったようだね。でも、実際にやってみると答えがわかったんじゃないかな？
- 小花の数は同じではない！
- しかも、ずいぶん数が違っているね。ほかのシロツメクサも数えてみよう！

**3人で手分けをして、ほかの集合花3つで、小花の数を数えてみました。**

- ソウタは62個、ハルナは72個、ぼくは58個だったよ。
- 2人組で数えた結果と合わせると、いちばん多くて78個、少ないのは48個だね。
- 小花の数は、決まっているわけではないのね。
- 同じ仲間でも大きかったり、小さかったり、数が多かったり、少なかったりするね。こういうのは「個体差」って言うんだ。生きものの世界ではふつうにあることなんだよ。

## 小花をくわしく観察しよう

さっき虫めがねで集合花を観察していたら、外側の小花と内側の小花では、色が違っていたよ。

大きさも場所によって違っていたよね？

小さくてわかりにくいものもあったけれど、形も違っていたかもしれない！

よいことに気がついたね。小花のついている場所によって色や大きさ、形、そしてつき方も違うかもしれないよ。

それならひとつの集合花をもう一度、今度は小花がついている場所ごとに並べてみたらどう？

やってみよう！

まずは、いちばん取りやすい外側からやろう。

ついている場所ごとに並べた小花

- 緑色で小さいものは、集合花の内側に集まっているね。
- これはまだつぼみで、これから花になるところなのかな？
- 白い花びらを持ったものは、真ん中あたりに多いね。
- いちばん外側にある小花は下を向いちゃってる……、枯れ始めているものもあるよ。
- 小花は外側から先に咲いていくのかもしれない！
- 小花の咲いていく順に集合花を並べてみない？　何かわかるかもしれないわ。

## 集合花の小花は順番に咲いていく？

別の日、3人とハジメ先生は野原に集まりました。まだ咲きはじめの集合花から、すでに枯れてしまったものまで、いろいろな集合花を集めて調べようと考えました。

 シロツメクサの花を集めて調べよう。

 ここに咲いているシロツメクサをいくつもつんで大丈夫なのかな？

 野原を管理している人に聞いてみようか？

 動植物の採集が禁止されている場所もあるから、確認したほうが安心だね！

聞いてきたよ。取りすぎなければ大丈夫だって！

枯れ始めているのは右のほうに置こう。完全に枯れているものもありそうだなあ……。

つぼみのものから枯れたものまで、黒い紙の上に並べてみよう。みんなで協力してやるとうまくいくよ。

よかった。では始めよう！つぼみみたいな小さいものをいちばん左側に置いてみない？

並べてみると、つぼみから花が咲いて、枯れていくまでがよくわかるね。

シロツメクサの小花は外側から咲いていくんだね。

咲いた小花は、やがて枯れて下を向いてしまうのね。

 シロツメクサは、外側から内側へ向かって小花が咲いていくことがわかったね。

 外側から順番に咲くなんて、ふしぎだね。

 咲いた後は茶色くなって、少しふくらんでいるわ。

 実ができたんじゃないかな？

 これは実なのかな？

 調べてみよう!!

21

## 枯れた小花に実はできるのか？

🧒 花が枯れたら、ふつうは実ができるんだよね？

👧 そうとも限らないわ。花が枯れても実ができない植物もあるって、ガーデニング好きのおばさんから聞いたことがあるよ。

🧒 でも多くの植物は、花が終わったら実や種子を残すはずだよ。

👧 それなら、もう一度枯れた花をじっくり見てみない？
今までみたいに、何かヒントが見つかるかもしれない。

枯れ始めた
シロツメクサの
集合花

いろいろとよい考えが出てきたね。ふしぎに思ったことを観察して確かめる。科学にとって重要なことだよ！ 観察の結果、それぞれどんなふうに考えたか、理由をつけて説明し「仮説※」を立てるといいよ。

### ソウタの仮説

多くの植物と同じように、ぼくはやっぱり実ができると思う！

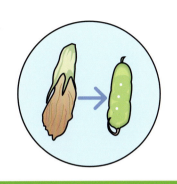

### ハルナの仮説

私は、あんなに小さな小花の中に実や種子なんて入っているとは思えないから、実はできないと思う！

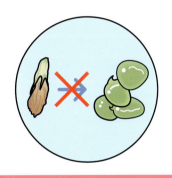

### ジュンの仮説

ぼくは、観察しただけでは実ができるかできないか、わからないなあ……。

そうだね。わからないこともあるよね。では、もっとくわしく調べてみようか。

※**仮説**…観察をもとに導き出した、ふしぎ（疑問）への仮の考え。観察を続けたり、実験をしたりして調べていく中で、仮説は確かめられていく。

23

## さやと実、つながる命

それぞれ発表し合った仮説(かせつ)を確(たし)かめるため、3人は花が枯(か)れたシロツメクサの中を調べてみることにしました。

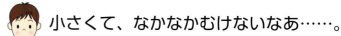
小さくて、なかなかむけないなあ……。

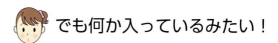
でも何か入っているみたい！

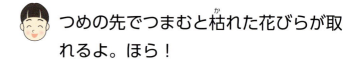
つめの先でつまむと枯(か)れた花びらが取れるよ。ほら！

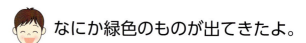
なにか緑色のものが出てきたよ。

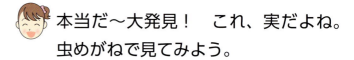
本当だ〜大発見！　これ、実だよね。虫めがねで見てみよう。

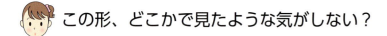
この形、どこかで見たような気がしない？

枝豆(えだまめ)※みたい？

サヤエンドウにも似(に)ているよ。

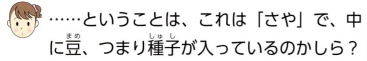
……ということは、これは「さや」で、中に豆(まめ)、つまり種子(しゅし)が入っているのかしら？

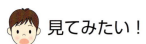
見てみたい！

中身をつぶさないように注意して、さやを開(ひら)いて、種子(しゅし)を取り出してみよう。

※枝豆(えだまめ)：ダイズの若(わか)い種子(しゅし)で食用にする。

やっぱり!! さやの中に豆、つまりシロツメクサの種子が入っていたのね。

でもまだ緑色でやわらかいから、これから色が変わってかたくなっていくのかもしれないね。

なんだかふしぎだね。
シロツメクサの一生を見ているみたいだよ。

観察した内容がずいぶん深くなってきたね。ここで今までにわかったことをまとめてみよう。

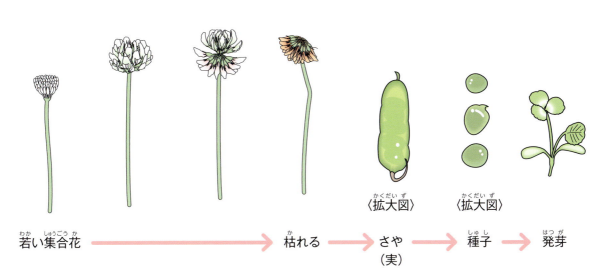

シロツメクサの命は、こうやって次へと受けつがれていくんだね。ほかの植物でも、花を咲かせて種子をつくり、命をつなげていくのは同じだよ。

25

# 3 シロツメクサの花に隠された、虫を誘うしかけ

　ハルナ、ソウタ、ジュンは、花の形に注目した観察から、今まで知らなかったシロツメクサの花のふしぎを解くことができました。満足そうなハルナとジュン。でも、ソウタにはまだふしぎなことがあるようです。

- シロツメクサの花粉はどうやって運ばれるのだろう……。

- どうしたの、ソウタ？

- 実ができていたってことは、めしべに花粉がついて受粉したってことだよね？どうやってシロツメクサの花粉は運ばれたのかな？

- ふつう、花粉は虫や風が運ぶんだよね。

- そう習ったよ。カラスノエンドウは、ハチが花粉を運ぶんだって。花粉症のもとになるスギの花粉は風で運ばれるし。

- シロツメクサはどうなんだろう？

- 調べてみよう！　だって私たち、花の形についてふしぎを解き明かすことができたじゃない！

- やってみよう！

さっき、ハルナが「カラスノエンドウの花粉は、ハチに運ばれる」って言っていたよね。シロツメクサの花を観察していたとき、まわりにハチがいっぱい飛んでいたよ！

そうそう、私も見たわ！

そういえば、家にあったはちみつには「クローバーのはちみつ」って書いてあったよ。

シロツメクサの花から集めたはちみつ？
みつで虫を誘って、花粉はミツバチのような虫が運んでいるのかな？

じゃあ、虫が運んでいるって仮説を立てて調べてみない？

おもしろそうだね。チャレンジしてみよう！

### 3人は、このふしぎを解決する方法を考えました。

みつで虫を呼んでいるのなら、花を解剖したらみつが出てくるのかな？

あの小さな小花を解剖してみつを探すのは無理じゃない？

だったら、ジュンの家にある「クローバーのはちみつ」で虫が呼べるか、実験してみるのはどう？

ソウタ、ナイスアイデア！
これで虫が集まってきたら、みつで呼んでいるってわかるよね？

母さんにはちみつをもらってくるよ！

**3人は、実験の準備について相談していました。**

- どうやって実験したらいいんだろう？

- お兄ちゃんに相談したら、シロツメクサに似せて竹ぐしの先にはちみつをつけたらいいんじゃないかって教えてくれたよ。

- とろとろ垂れちゃわない？

- 垂れないように、何か……たとえば綿や布にしみ込ませて巻いたらどうかなあ？

- 丸く巻きつけたらシロツメクサにも似ているし、いいかも！

- 自分たちでいろいろ考えていて、いいね！その調子で失敗をおそれずにチャレンジしてごらん。

色のついたフェルトを巻いた竹ぐしに、クローバーのはちみつをしみ込ませます

**別の日、3人は実験の材料を持って野原に集まりました。**

- クローバーのはちみつを持ってきたよ！

- 私は竹ぐしを多めに持ってきたわ。

- 昨日の夜、考えたんだけれどね、もしも虫たちが色を感じていたら、集まり具合に差が出るかもしれないと思って、いろんな色のフェルト（布）を持ってきたよ！

- 実験っぽくなってきたね！　それなら、色とはちみつのどちらに引き寄せられるのかはっきりさせるために、はちみつありとなしで2本ずつ作ろう！

同じ色のフェルトで、はちみつをつけたものとつけないものを並べて、虫が来るのを待ちます

　3人は準備を終えると1時間ほど観察を続けましたが……虫が集まる様子は見られませんでした。

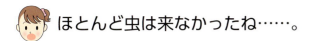ほとんど虫は来なかったね……。

🧒 はちみつのついたほうにハチが何匹か来たけれど、すぐに離れていってしまったよね。

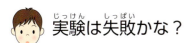実験は失敗かな？

👨 失敗してもむだにはならないよ。どうやったら知りたいことにたどりつけるかを考えて実行することが、何よりも大切なんだ。それに、今回の方法で思った結果が得られなくても、「この方法ではうまくいかなかった」というデータを残せた。研究の世界では失敗したデータのことを「ネガティブデータ」と呼んで、成功した例と同じかそれ以上に価値があるっていう人もいるんだ。

へえ〜！

29

## 失敗を次に生かすために

　ちょっと落ち込んでいた3人ですが、ハジメ先生にはげまされて、実験の反省会で、自分の意見を発表し合いました。

シロツメクサに集まるミツバチ（左）とモンシロチョウ（右）

- 実験用に用意したはちみつつきの竹ぐしにはあまり虫は集まらなかったけれど、本物の花にはハチやモンシロチョウが来ていたよね。

- 実際に花に入っているみつと、食品として売られているはちみつでは、何か違いがあるのかもしれない。

- いっしゅんだけとまったハチはいたね。とまったときの様子が本物の花と違うからすぐに離れてしまったのかな？

- なぜか白いフェルトには、1匹もハチが来なかったよね？

- シロツメクサの花も白いのにどうしてだろうね？

- そう、ふしぎだなって疑問に思うことが大切なんだ。うまくいかなかった実験も、みんなしっかり考えられているね。虫を呼ぶ実験はなかなか難しかったみたいだけれど、ここでひとつおもしろい観察をしてみないかい？

- なんですか？

- さっきつんできたシロツメクサなんだけれど、小花の先をつまようじで少し押し下げてごらん。

- こうかな？

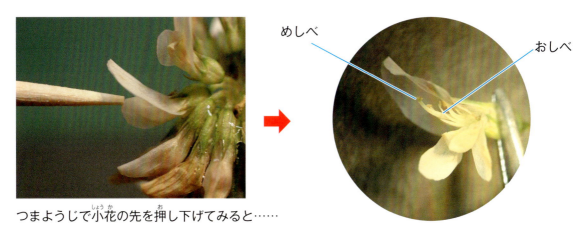

つまようじで小花の先を押し下げてみると……

🧒 あれ！　花びらが下がると、中からおしべやめしべっぽいものが出てきた！

👧 もしかして、つまようじで花びらを押したのは、虫がとまった状態？

👨 気づいたかな？

🧒 虫が花にとまって花の奥にあるみつを吸うと、出てきたおしべの花粉が虫の体にくっつくのかもしれない。

👧 その虫が別の花のみつを吸いにいったら、体についた花粉が次にとまった花のめしべにつくことになるわ。

🧒 またひとつシロツメクサの花のふしぎが解けたね。

🧒 シロツメクサの花粉は虫が運んでいるんだとしたら、次はまだ緑色で若い花にポリエチレン袋をかぶせて虫がつかないようにしたらどうなるだろう。

👧 それで実ができなかったら……虫が花粉を運んでいる決定的な証拠になるかもしれないね！

🧒 いつかやってみたいなあ。まだまだ知りたいことがいっぱいだ。

31

# 4 本を使って調べよう

　観察や実験を通して、シロツメクサの花のふしぎを調べた3人。調べれば調べるほどシロツメクサへの興味がわいてきました。

 シロツメクサのこと、ずいぶんわかってきたけれど、もっと調べてみたいんだ。

 どんなこと？

 ふしぎな花の形をしていたけれど、どんな仲間がいるのかとか……。

 名前の由来も気になるの。「シロ」は花の色だろうけれど、「ツメクサ」ってなにかしら？

 そうしたら、これからどんなことを確かめたり、調べたりしたいのか意見を出し合ってみたらどうかな？

※1 在来種…その国や地域にもとから繁殖（生きて増える）している動植物。
※2 外来種（国外外来種、国内外来種）…その国や地域に、人の活動によってよその地域から持ち込まれた動植物。ほかの国から持ち込まれた場合を国外外来種、国内でも移動させることにより遺伝子レベルの影響が出るものを国内外来種と呼ぶ。

どうやって調べたらいいのかな？

 やっぱりインターネットが便利じゃないかなあ。

 そうだね。でも、先生はあえて本で調べることをすすめるよ。インターネットは確かに便利だけれど、残念ながらそこに流れている情報には、まだまだ不正確なものも多いんだ。図書館に行ってごらん。「司書※」と呼ばれる人たちが本を探す手伝いをしてくれるよ。また、博物館もいいね。「学芸員」と呼ばれる人たちが力を貸してくれるよ。

**3人は地域の図書館へ向かいました。**

どんな本を探しているのかな？

こんにちは。私たち、いまシロツメクサについて調べているんです。私は名前の由来を知りたいんです。

ぼくはシロツメクサの仲間と、花に来る虫について調べたいんです。

ぼくは食べられるかということと……。

仲間調べなら図鑑コーナーがいいでしょう。ほかのことは自然科学のたなの植物のところで探すといいですね。

※**司書**…図書館の仕事を行う専門職。図書の収集、保管、点検などをするとともに、利用者の相談にのってくれる。

33

ハルナ、ソウタ、ジュンは、それぞれの知りたいことを、図書館の司書に伝えて、どんな本を探せばよいのかアドバイスをもらい、調べてみました。

へえ～シロツメクサは、昔、外国から入ってきた植物なんだって。オランダからガラスの品物を運ぶとき、割れないように干したシロツメクサを詰め込んだので、それでツメクサ（詰め草）というそうよ。その後、明治時代になって馬や牛を育てるための牧草として入ってきて全国に広がっていったって。「国外外来種」だったのね。

「白詰め草」?!

名前のなぞが解けたね。ぼくは図鑑でシロツメクサの仲間を調べたよ。

観察ではエンドウマメや枝豆に似たさやがあったよね。やっぱり豆の仲間なのかな？

そうなんだよ！　シロツメクサの仲間はマメ科と呼ばれ、同じ仲間には、ムラサキツメクサ（アカツメクサ）、クスダマツメクサ、コメツブツメクサなどがあるんだって。春に見られるカラスノエンドウやスズメノエンドウも同じマメ科だよ。

「～ツメクサ」ってそんなに種類があるんだ！
ぼくはシロツメクサが食べられるのかを調べてみたよ。

食べられるの？

食べられるんだって！　若い葉はゆでて和え物やいため物に、花は天ぷらにすることもあるって。

ええ～、びっくり！　おいしいのかな？

みなさん、おもしろいことが調べられたようですね。
これからも本を活用して、知識を増やしていってくださいね。

# 5 先生や専門家に聞いて調べよう

 図書館で調べて、シロツメクサのふしぎがさらに解けてきたね。

 でも、図書館で調べてもまだわからないことがあるんだ。

 本で調べてもわからないときは、どうしたらいいの？　先生に相談してみようか。

**学校にもどってハジメ先生のところに行きました。**

 みんな、本を活用していろいろなことを調べられたようだね。次にどんなことを知りたいのかな？

 シロツメクサと昆虫との関係についてもっとくわしく知りたいんです。

 それなら専門家にたずねてみたらいいよ。博物館の「学芸員※」に相談してごらん。手紙やメールという方法もあるけれど、電話をかけてみてはどうかな？

**ソウタが代表して、隣町の博物館に電話をかけてみました。**

もしもし、こんにちは。野原小学校の田中ソウタです。いま、シロツメクサについて調べています。昆虫との関係をくわしく教えてもらえませんか？

ソウタ

こちらの博物館には植物や昆虫にくわしい学芸員がいますので、次の日曜日におうちの人といっしょに来てください。

博物館

※**学芸員**…博物館（美術館、動植物園、水族館などもふくむ）で仕事を行う専門職。資料の収集、保管、研究、展示などを行う。

35

次の日曜日、ソウタは家の人と博物館へ出かけました。ハルナとジュンもいっしょです。これまでの観察でわかったことや、図書館で調べたことを書いた研究ノートを持っていきました。

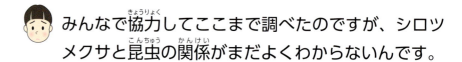
みんなで協力してここまで調べたのですが、シロツメクサと昆虫の関係がまだよくわからないんです。

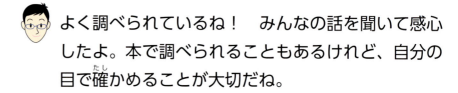
よく調べられているね！　みんなの話を聞いて感心したよ。本で調べられることもあるけれど、自分の目で確かめることが大切だね。

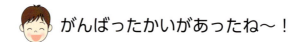
がんばったかいがあったね〜！

実験も今回はうまくいかなかったようだけれど、よく考えて実行できたね。シロツメクサの花のにおいは、注意しないと人間にはわからないくらいほのかだけれど、植物ではにおいで昆虫を呼んでいるものも多いんだよ。それに、昆虫は花の色を見てやってくる可能性もあるんだ。今度、別の実験を考えてやってみるといいよ。

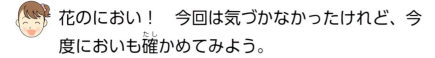
花のにおい！　今回は気づかなかったけれど、今度においも確かめてみよう。

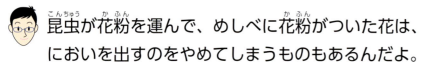
昆虫が花粉を運んで、めしべに花粉がついた花は、においを出すのをやめてしまうものもあるんだよ。

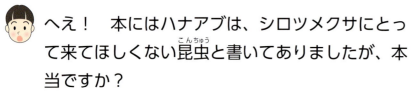
へえ！　本にはハナアブは、シロツメクサにとって来てほしくない昆虫と書いてありましたが、本当ですか？

ハナアブは同じ花を回る習性がないから、受粉に役立つとは限らないんだ。チョウは、みつだけを吸っていってしまい受粉に役立たないそうなんだよ。

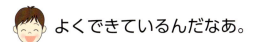 つまり、シロツメクサにとっては、続けて同じ花からみつを集める習性があるミツバチやそのほかのハナバチの仲間が、受粉に役立つ昆虫なんだ。ハチがとまるとおしべが出てくる仕組みも、それらの種類に合わせてできているんだよ。植物と昆虫、ほかに動物や天候……自然はいろいろ複雑につながっているんだね。

よくできているんだなあ。

シロツメクサのほかに、ムラサキツメクサ（アカツメクサ）という種類もあったんですが、近い種類なら役に立つ昆虫も同じなんですか？

ムラサキツメクサ
（アカツメクサ）

同じマメ科だけれど、ムラサキツメクサと相性が良いのはマルハナバチの仲間なんだ。ムラサキツメクサは花粉をもらった花が下を向く性質もないんだよ。今度野原でムラサキツメクサを見つけたら観察して比べてみてね。

似ているようだけれど、違いがあるのね。

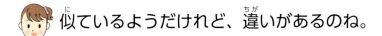 自分たちでは調べきれなかった昆虫との関係までいろいろ聞けてよかったよ。

本でもわからなかったことがいろいろとわかりました。来てよかったです。

これからも好奇心を持っていろいろなことにチャレンジしてみようね。博物館にもまた遊びに来てください。

ありがとうございました！

### 施設を利用するときは

- 聞きたいことはわかりやすくまとめて、できれば事前に伝えておこう
- 対応してくれる人にきちんとあいさつをして、自分の名前を言おう
- 聞いた話は、忘れないようにメモをしておこう
- 館内ではほかの利用者の迷惑にならないように、マナーを守って過ごそう
- 最後にはきちんと感謝の気持ちを伝えよう

#  研究の成果を発表しよう！

 すごい研究になったね！ せっかくここまで調べたのだから、今度の学習発表会で発表しようよ！

 賛成！

**3人は、クラスの学習発表会で研究の成果を発表したいと、ハジメ先生に相談しました。**

 博物館でも貴重な話を聞けたようだね。発表？ いいね！ クラスの友だちの勉強にもなるし、発表するためにきちんとまとめることで、自分たちの知識の整理にも役立つよ。発表するときのポイントを教えておくから、参考にしてまとめてごらん。

## 研究のまとめに入れる項目

- **表題**………発表の内容を短くまとめる。わかりやすく、見る人が興味を持てる工夫をしよう。
- **要約**………発表する内容を短い文にまとめる。検索しやすいように、キーワードになる言葉も入れよう。
- **本文**………◆どんなことに疑問を持ったのか、何を調べようとしたのか
  ◆どうやって調べていったのか（仮説を立てて観察や実験で検証[※1]した）
  ◆観察や実験の結果はどうだったのか
  ◆結論（何がはっきりとわかって、何がまだわからないのか）
- **謝辞**…………お世話になった方がたにお礼をのべる。
- **参考文献**……参考にしたり、引用したりした本などの著者名、発行年、題名、出版社（インターネットの場合はURL[※2]）を入れておこう。

※1 **検証**：確かめること。
※2 **URL**（uniform resource locator）：コンピュータで使う言葉のひとつ。インターネット上のウェブサイトの場所を示す住所のようなもので、https:// などで始まるもの。

## 研究の結果をまとめよう！

 当日、黒板にはって説明できるように、大きな紙に先生が教えてくれた順番でまとめてみる？　こうした発表を「ポスター発表」って言うんだって。

 なんだか本格的になってきたなあ！

 書こう書こう！

 ジュン、待って！　こんな大きな紙にいきなり書き出したら絶対に失敗しちゃう。研究ノートを見ながら、まずはノートに発表したいことを書き出ししてみない？

 さすがハルナ、しっかり者。

 えへへ。

 ずっとつけてきた研究ノートが役に立つね！

●**表題**
シロツメクサの花のつくりと、こん虫との関係

●**要約**
シロツメクサの花のつくりを観察して、こん虫との関係を調べた

●**本文**
◆シロツメクサの花の形や数、さく順番のこと
◆シロツメクサの種子や成長のこと
◆シロツメクサの花粉を運ぶ虫のこと
◆シロツメクサの名前の由来や仲間のこと

●**謝辞**[※1]
今回の研究を進めるうえで、次の方がたにお世話になった（あいうえお順、敬称略[※2]）。

●**参考文献**
著者名[※3]（発行年）『本の題名』出版社

※1　謝辞：感謝を伝える言葉。
※2　敬称略：「さん」「様」などをつけず、氏名だけ記すこと。
※3　著者名：本を書いた人の名。

ぼくたち、夢中になっているうちにずいぶんいろいろ調べたから、全部書いていたら大きい紙で何枚にもなっちゃうね。

ポスター発表って、どれくらいの量にまとめればいいんだろう。

できれば1枚にまとめられるといいね。みんなに伝えたいふしぎはたくさんあると思うけれど、ポイントをしぼって内容を詰め込みすぎないことも大切だね。どうしたら聞き手にわかりやすく伝えられるか、工夫しながら作ってみよう。

聞き手にわかりやすく……。

小さい字でこまごまと書いちゃうと見にくいなあ。

文字ばっかりじゃなくて、絵とか写真も入れたほうがいいよね。

最後まで楽しく聞いてほしいから、観察や実験の結果をみんなに予想してもらいながら進めるのはどうかな？

楽しそう！

じゃあ、協力してポスターを仕上げよう！

# シロツメクサ（クローバー）の花のふしぎ

発表者：ソウタ、ハルナ、ジュン

## 1. はじめに

校庭では、いろいろな野草を見ることができる。その中で、シロツメクサの花についてさまざまなふしぎを見つけ調べたので、その結果を発表する。

## 2. シロツメクサの花は集合花

| 数えた人 | ソウタ・ジュン | ハルナ・先生 | ソウタ | ハルナ | ジュン |
|---|---|---|---|---|---|
| 小花の数 | 78 | 48 | 62 | 72 | 58 |

○シロツメクサの花は小花が集まった集合花で、数えてみると小花はおよそ50～80個。

## 3. 小花のさき方と実のでき方

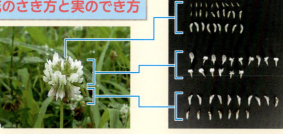
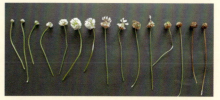

○集合花の外側からさき、実になっていく。

## 4. シロツメクサの実と種子

○小さいがマメの仲間。

## 5. 花粉はどうやって運ばれるのか　～虫をさそうしかけ～

○クローバーのはちみつを使ったが、虫が来なくて実験は失敗。
○実験中に本物の花にはチョウやミツバチが来ていた。特にミツバチなどのハチのなかまがみつをすいに来て、花粉を運ぶ。

## 6. ツメクサの種類と名前の由来

- シロツメクサはマメ科の植物。ほかにもムラサキツメクサ（アカツメクサ）、クスダマツメクサ、コメツブツメクサなどがあり、国外外来種。
- 昔、ガラスなどこわれやすいものを運ぶとき、すきまにつめたことからツメクサ（つめ草）とよばれた。

## 7. まとめ

- シロツメクサの花は、小花が集まった集合花で、外側からさく
- 花粉はミツバチなどの虫に運ばれ、受粉すると実を結ぶ
- 実はマメのさやと同じ形で、中に種子が入っている
- シロツメクサのなかまは国外から運ばれた外来種

**お世話になった方がた**
クラスの先生、図書館の司書、博物館の学芸員のみなさん
**参考にした本など**
田中肇（2009）『昆虫の集まる花ハンドブック』文一総合出版
安江多輔（1993）『レンゲ全書』農山漁村文化協会

はじめは緊張していた3人ですが、クラスのみんなが興味津津で聞いてくれるのを見て、すっかり楽しくなってきました。結果を予想してもらうクイズコーナーも大盛り上がり！　研究発表は大成功に終わりました。

3人の発表を見守っていたハジメ先生。最後にクラス全員に向けてこんな言葉を贈りました。

みんな活発に質問や意見の交換ができてすばらしかったね！　もし的外れな質問をしてしまったり、質問に答えられなかったりしても、ちっとも恥ずかしくなんてないんだ。わからないことは「わからない」って素直に言っていい。みんなに知ってもらって、話し合うことで新しい発見につながるかもしれないよ！

# 7 自然の観察や研究に大切なこと

無事に発表を終えた3人。放課後に集まって、今日の発表についてハジメ先生とふり返りをしています。

- みんなじょうずにしっかりと発表できたね。今回のシロツメクサの花の研究、やってみてどんなことを思ったかな？

- はじめは何から、どうやって調べたらいいのかわからなかったけれど、みんなで意見を出し合って、少しずつなぞが解けていくのが楽しかった！

- 最後はすごい研究になったし、もっと調べてみたいことも見つかったよね！

- ぼくら、すっかり研究者だね。

- よく観察することから、たくさんのことがわかったよ。

- みんな、研究や発表もよかったし、研究・発表を通してすごく自信がついて成長したと思うよ！ ここで、自然の観察や研究に大切なことをみんなに伝授したいと思うんだ。参考にして、これからもいろんなふしぎを自分の力で解き明かしてほしいな。

- やる、やる〜！ 今回調べきれなかったシロツメクサの実験もリベンジしたいし、虫のこともももっと調べたいし、あとあと……。

- ジュンってば、よくばり！

- またみんなで研究したいね！

# ◆自然の観察や研究に大切なこと◆

## 1. まず外に出てみよう！　自然はふしぎでいっぱいだ

● 見慣れた場所、もの、ことでも、時間や季節によってさまざまな発見がある。
● 本当にわかっていることは少ない。調べたいことは山ほどある。

## 2. 「あれ、変だなあ……」の気持ちを大切に

● 好奇心は科学する心のもと。自分が好きなことを見つけよう！
● 毎日の生活や昔からの言い伝えが、研究・観察のヒントになることだってある。自然のこと以外にも好奇心を持とう。

## 3. 記録しておこう

● いつ、どこで、だれが、どんな様子か、ノートに書き留めたり、写真に撮ったりしておこう。記録はいつでも見返せるように整理しておくことも大切だよ。テーマが決まっていたら、研究ノートにするとよい。
● いつもノート（手帳）とデジタルカメラ（スマートフォン）を持っていこう。

## 4. 本を読もう

● 1冊の本ができるまでにはたくさんの人が関わるので、その内容は信用できることが多い。インターネットでも情報は探せるけれど、インターネットの記事は一人で書かれることが多く、信用できないものもあるので注意しよう。
● 本を読むと情報を得るだけではなく、考えを整理したり、文章の組み立てを身につけることもできる。それに何度も読み返せる。さまざまな本を読むことで興味が広がり、思わぬヒントになることもあるんだ。新聞を読んだり、書店や図書館に行ったりするのもいいね。
● 図書館の司書や博物館の学芸員と仲良くなると、貴重な本や研究報告書を利用させてもらえることもある。

## 5. 相談できる人を探そう

● 一人で調べて結論を出すのはたいへんだ。一人ではひとりよがりになってしまうことも。そうならないためにも、さまざまな人からアドバイスやアイデアを素直にもらおう。
● 日頃から博物館の観察会などに参加して、学芸員と仲良くなっておくのもいいね。

## 6. 研究の成果があがったら発表しよう

● こつこつ研究を続けていくと、わからなかったことがはっきりしてくる。学芸員に相談すると足りないところを教えてくれる。もっとくわしく調べられたら、学芸員と発表できるかもしれない。発表できたら立派な研究者だ。ここで大切なのは、手柄をひとりじめにしないこと。みんなの協力があって研究や発表ができたことを忘れないようにしなくちゃね。もちろんお礼の言葉や手紙も忘れずに。

# 研究ノートの基本

### ５月○日（金）観察者：ハルナ、ジュン、ソウタ（記録）　指導者：ハジメ先生

## ★研究ノートとは

　野外に出たり、研究したりして、気づいたことやぎ問に思ったことなどをわすれないように、そのつど書いておくノート。また、観察したことを文やかん単なスケッチで記録するとともに、どんな実験をしたらよいのかも思いついたら書いておこう。研究ノートとともに、デジタルカメラやスマートフォンで画像を記録（ときには動画で）しておくことも、生きもののふしぎを調べるためには必要なので、デジタルカメラなどは持ち歩こう。

　本で調べたり、先生（せん門家）に聞いたりしてわかったことや、日にちがたってから記録をてい正したときは、文字の色を変えておくとよい。

## ★研究ノートに書くこう目

①年、日にち、曜日、時こく ‥‥いつ観察や実験をしたのかがすぐわかる。

＊天気は必ず書いて、気温と湿度もできるだけ測っておく。

②観察者、指導者 ‥‥‥‥‥‥だれが観察や実験をしたのか、だれが指導してくれたのかが、ほかの人にもわかる。

③観察や実験の題（タイトル）‥‥何をどんなふうに調べたのかがわかる。

＊動機 ‥‥‥‥‥‥‥‥‥‥観察や実験することになったきっかけや理由を書いておく。

④目的 ‥‥‥‥‥‥‥‥‥‥観察や実験で何を知りたいかを書く。

⑤予想 ‥‥‥‥‥‥‥‥‥‥どんな結果になるか、自分の予想を書く。予想とちがった結果になったとき、それまでの考えを見直すことができる。

⑥準備 ‥‥‥‥‥‥‥‥‥‥観察や実験に使う道具や材料とその数量を書く。どこで買ったかも書いておくとよい。

⑦方法 ‥‥‥‥‥‥‥‥‥‥だれでも同じように観察や実験ができるように、手順や条件（時こく、場所など）を細かく書いておく。

⑧記録 ‥‥‥‥‥‥‥‥‥‥観察や実験を行いながらメモをとる。動画で記録することもある。

⑨結果 ‥‥‥‥‥‥‥‥‥‥記録したことを、文章、表、グラフ、図（画像）などに整理してまとめる。

⑩考察 ‥‥‥‥‥‥‥‥‥‥「目的」の知りたいことについて、結果から考えられることを書く。予想とちがったときには、その原因も考える。いっしょに観察や実験を行った人の考えや話し合ったことも書くとよい。

⑪結ろん ‥‥‥‥‥‥‥‥‥これまでの観察や実験から言えることや、次に観察や実験をしたい課題も書く。

⑫その他 ‥‥‥‥‥‥‥‥‥●今までにあてはまらない事がら

　　　　　　　　　　　　　●お世話になった方がたの連らく先

　　　　　　　　　　　　　●参考にした図書やウェブサイトのＵＲＬ

◎野外に持ち歩く場合もあるので、小さめでつくりがしっかりしている野帳（フィールドノート）を使うとよい。

◎野外に出かけるときは、野帳以外に虫めがね（ルーペ）、デジタルカメラ（できれば接写ができ、防水のものがよい）、双眼鏡もあるとよい。

# キーワードさくいん

## 用語

| | |
|---|---|
| 枝豆（えだまめ） | 24, 34 |
| おしべ | 10, 31, 37 |
| 外来種（がいらいしゅ） | 32, 34, 41 |
| がく | 10, 14 |
| 学芸員（がくげいいん） | 33, 35, 41, 45 |
| 花糸（かし） | 10 |
| 仮説（かせつ） | 23, 24, 27, 38 |
| 花托（かたく） | 10 |
| 花粉（かふん） | 26, 27, 31, 36, 37 |
| 花柄（かへい） | 10, 14 |
| 花弁（かべん） | 10, 14 |
| 結論（けつろん） | 38, 45, 46 |
| 研究ノート | 9, 15, 36, 39, 45, 46 |
| 検証（けんしょう） | 38 |
| 個体差（こたいさ） | 17 |
| 在来種（ざいらいしゅ） | 32 |
| 参考文献（さんこうぶんけん） | 38, 39 |
| 司書（ししょ） | 33, 34, 41, 45 |
| 子房（しぼう） | 10 |
| 謝辞（しゃじ） | 38, 39 |
| 集合花（しゅうごうか） | 9, 11, 15-20, 22, 25, 41 |
| 受粉（じゅふん） | 26, 36, 37 |
| 小花（しょうか） | 9, 10, 15-23, 27, 30, 31 |
| スマートフォン | 45, 46 |
| 舌状花（ぜつじょうか） | 10 |
| 総苞片（そうほうへん） | 10 |
| 題名（だいめい） | 38, 39 |
| 柱頭（ちゅうとう） | 10 |
| 著者名（ちょしゃめい） | 38, 39 |
| デジタルカメラ | 45, 46 |
| 筒状花（とうじょうか） | 10 |
| ネガティブデータ | 29 |
| 花びら | 8, 10, 13, 14, 19, 24, 31 |
| 表題（ひょうだい） | 38, 39 |
| フィールドノート | 46 |
| フェルト | 28, 29, 30 |
| ポスター発表 | 39, 40 |
| 本文（ほんぶん） | 38, 39 |
| ポンポン | 6, 7, 10 |
| 豆（まめ） | 24, 25, 34 |
| めしべ | 10, 26, 31, 36 |
| やく | 10 |
| 野帳（やちょう） | 46 |
| 要約（ようやく） | 38, 39 |

## 植物・昆虫名（こんちゅう）

| | |
|---|---|
| アカツメクサ | 34, 37, 41 |
| アサガオ | 8 |
| オオイヌノフグリ | 7, 11, 15 |
| ガクアジサイ | 9 |
| カラスノエンドウ | 7, 11, 15, 26, 27, 34 |
| カントウタンポポ | 7 |
| クスダマツメクサ | 34, 41 |
| クローバー | 7, 27, 41 |
| ゲンゲ | 7, 9 |
| コメツブツメクサ | 9, 34, 41 |
| サヤエンドウ | 24 |
| スズメノエンドウ | 34 |
| セイヨウタンポポ | 9, 11, 15 |
| タチツボスミレ | 11, 15 |
| タンポポ | 15 |
| チューリップ | 8 |
| ハナアブ | 36 |
| ヒマワリ | 9, 15 |
| ヒメオドリコソウ | 7 |
| ヒメジョオン | 9, 11 |
| マルハナバチ | 37 |
| ミツバチ | 27, 30, 37, 41 |
| ムラサキツメクサ | 34, 37, 41 |
| ヤハズエンドウ | 7, 11 |
| レンゲ | 7, 9 |

## 著者

**一寸木 肇**（ちょっき はじめ）

神奈川県生まれ。神奈川県在住。横浜国立大学教育学部小学校教員養成課程理科卒業。神奈川県の公立小学校を定年退職後、大井町教育委員会おおい自然園園長として、自然観察会などを行っている。元日本初等理科教育研究会理事長。(公益財団法人) 日本自然保護協会自然観察指導員講習会講師。

〈主な著書〉

共編著（2009）『〔復刊〕自然の観察』農山漁村文化協会、共著（1997）『箱根・丹沢フィールドノート』箱根・丹沢陸水研究会、共著（2018）『おおいの自然』大井町、共著（2000）『小学校理科教育はこう変わる』学校図書、共著（1990）『二宮町史』二宮町、（1996）『大磯町史』大磯町、（2002）『山北町史』山北町、（2001）『小田原市史』小田原市

科学のタネを育てよう③
物語でわかる理科の自由研究
## シロツメクサの花のふしぎ
2018年11月20日　初版第1刷発行

●参考文献

田中 肇（2009）『昆虫の集まる花ハンドブック』
　　　　　文一総合出版
安江多輔（1993）『レンゲ全書』農山漁村文化協会

● 編集：ニシ工芸株式会社
　　　（伊能朋子・菅原千聖・名村さえ子・高瀬和也）
● 撮影：一寸木 肇・菅原千聖・野本雅央
● イラスト：福本えみ
● デザイン・DTP：ニシ工芸株式会社（西山克之）
● 校正：石井理抄子
● 編集長：野本雅央

著　者　一寸木 肇
発行人　松本恒
発行所　株式会社　少年写真新聞社
　　　　〒102-8232　東京都千代田区九段南4-7-16
　　　　市ヶ谷KTビルⅠ
　　　　TEL　03-3264-2624　FAX　03-5276-7785
　　　　URL　http://www.schoolpress.co.jp/
印刷所　大日本印刷株式会社
製本所　東京美術紙工

©Hajime Cyokki 2018　Printed in Japan
ISBN 978-4-87981-652-8　C8340　NDC407

本書を無断で複写、複製、転載、デジタルデータ化することを禁じます。
乱丁、落丁本はお取り替えいたします。定価はカバーに表示してあります。